Peter Hägele

Freche Verse – physikalisch

Peter Hägele

Freche Verse – physikalisch

Physiker und Physik im Limerick,
illustriert von Peter Evers

© Springer Fachmedien Wiesbaden 1995
Ursprünglich erschienen bei Friedr. Vieweg & Sohn Verlagsgesellschaft mbH, Braunschweig/Wiesbaden 1995

Das Werk einschließlich aller seiner Teile ist urheberrechtlich geschützt. Jede Verwertung außerhalb der engen Grenzen des Urheberrechtsgesetzes ist ohne Zustimmung des Verlags unzulässig und strafbar. Das gilt insbesondere für Vervielfältigungen, Übersetzungen, Mikroverfilmungen und die Einspeicherung und Verarbeitung in elektronischen Syystemen.

Gedruckt auf säurefreiem Papier

ISBN 978-3-528-06634-5   ISBN 978-3-322-83121-7 (eBook)
DOI 10.1007/978-3-322-83121-7

Klassische Mechanik

Newton entdeckte das Gravitationsgesetz, das sowohl für die irdische als auch für die Himmelsmechanik gilt:

Ein Apfelfall jäh fand sein Ende
auf Newtons Kopf. Das bracht' die Wende:
    Die irdische Schwerkraft
    auch himmlische Bahn schafft.
Doch leider ist's nur 'ne Legende!

Die Newtonsche Grundgleichung wird, je nach Aufbau der Mechanik, als Gesetz oder als Definition der Kraft angesehen:

Axiom ist's, bei Newton schon steht's:
Die Kraft ist Impulsänd'rung jetzt.
    Doch Zweifel, die nagen,
     verwirrt muß man fragen:
Ist's Definition, ist's Gesetz?

Die Newtonsche Mechanik ist nichtrelativistisch, die Masse hängt also nicht vom Bezugssystem ab:

Es gab uns der alte Herr Newton
Mechanik-Axiome, die guton.
    Heut' träf es ihn tief,
      daß m relativ.
Das Herz tät' im Leibe ihm bluton.

Elektrodynamik und Optik

MIT SPANNUNG WARTETE VOLTA AUF SEINE FROSCHSCHENKEL

Die große Leistung Maxwells ist die Einführung des Verschiebungsstromes:

Rot H ist gleich D Punkt plus Jot.
Herr Maxwell ist lange schon tot.
    Doch ist uns geblieben
    sein Ströme-Verschieben.
Nur so ist die Gleichung im Lot.

Die Maxwellschen Gleichungen sind unsymmetrisch:
Bisher hat man keine magnetischen Monopole gefunden:

Div *D* ist ganz einfach gleich Rho.
Bei Ladungen ist das halt so.
    Div *B* ganz verschwindet,
    und Maxwell verkündet:
Magnetisch ist kein Monopo!

Das Induktionsgesetz stammt von Faraday, ebenso die Vorstellung einer Nahwirkung im Feld:

B Punkt ist gleich minus rot E,
Gesetz ist's nach Herrn Faraday.
    Er Feldlinien sah,
      die wirkten ganz nah.
Woher hat er bloß die Idee?

Nach Fermat gilt bei einen Lichtstrahl für den Weg s durch ein Medium mit dem Brechungsindex n:

$$\int_A^B n(s)\,ds = Extremum:$$

Von A nach B fliege ein Strahl.
Der Lichtweg wird streng extremal.
    Sein innerster Trieb
    ist Fermats Prinzip.
Wie kennt er bloß sein Integral?

Thermodynamik

James Prescott Joule (1818-1889) war Besitzer einer Bierbrauerei und erfolgreicher Naturforscher (Joule-Thomson-Effekt u.a.). Nach ihm ist die Energie-Einheit benannt:

Herr Joule, der in England Bier braut',
nicht bloß nach der Maß-Einheit schaut'.
    Es fand sein Talente
    Wärm-Äquivalente.
Kalorien sind deshalb heut' out.

*In der Thermodynamik ist die Wärme ein unvollständiges
Differential, also nicht als Zustandsfunktion darstellbar.
Clausius definierte 1865 die Entropie als Zustandsfunktion:*

Die Wärme will raus aus der Fron,
sie wär so gern Zustandsfunktion.
    Mit Clausius' Idee:
    dQ rev durch T,
wird sie Entropie nun zum Lohn.

Vielen Naturwissenschaftlern wird die Entropie nie so richtig vertraut:

Die Zustandsfunktion Entropie -
statistisch seit Boltzmanns Genie.
    Ich zähl' Komplexionen,
      tu Stirling nicht schonen.
Doch richtig versteh' ich sie nie!

DAS WUNDER DES KREISPROZESSES

Ein Arzt, Julius Robert Mayer (1814-1878), entdeckte den Energiesatz. Heute hat die Physik-Ausbildung der Medizin-Studenten oft keinen hohen Stellenwert:

Physik ist nicht Pflichtveranstaltung:
Stud.med. lernt nur Black-Box-Einschaltung.
    Wer kennt denn noch heuer
    den Arzt Robert Mayer,
der fand Energien-Erhaltung?

Der Maxwellsche Dämon erzeugte Temperaturunterschiede durch Sortieren schneller und langsamer Moleküle und schien so den 2. Hauptsatz außer Kraft zu setzten. Man muß aber auch die „Irreversibilitäts-Unkosten" der Messung berücksichtigen:

Es will Maxwells Dämon, besessen,
den Hauptsatz, den Zweiten, vergessen.
    Sortiert mit Genie
    hinweg Entropie.
Doch irreversibel ist's Messen!

Beim Bénard-Phänomen bilden sich zwischen horizontalen Platten Flüssigkeitszellen oder Walzen bei hinreichend hohem Temperaturgradienten. Dies ist ein Beispiel für Strukturbildung fernab vom Gleichgewicht:

Bei Bénard ganz konventionell
strömt Wärme vom unteren Quell.
    Doch jäh fließen Teilchen
    vereint für ein Weilchen
und ordnen zu Zellen sich schnell.

Spezielle Relativität

Die Rate der auf der Erde ankommenden Myonen aus der Höhenstrahlung ist nur mit der Einsteinschen Zeitdilatation bzw. Längenkontraktion (im Myonsystem) verständlich:

Dem Myon, dem wird der Weg lang,
es wär sein Zerfall jetzt bald dran.
    Ob Wegkontraktion,
      Zeitdilatation:
Dank Einstein kommt's heil unten an!

*Die relativistische Zeitdilatation wird durch das
Zwillings-Paradoxon drastisch illustriert:*

Herr Fu hat 'nen Zwilling, Herrn Kung,
der reist in den Weltraum mit Schwung.
    Kehrt rück dann laut Einstein,
    und trifft bei Old-Fu ein.
Denn Reisen hält tatsächlich jung!

*Einstein trug selbst zur Popularisierung seiner Speziellen
Relativitätstheorie bei und veranschaulichte die Relativität
der Gleichzeitigkeit u.a. mit Eisenbahn-Beispielen:*

Der Vater, - man sieht ihn gern sitzen -,
läßt Sohnemanns Eisenbahn flitzen.
    Dran knüpft Einsteins Taktik
    und feine Didaktik
mit Bahnsteig und Zügen und Blitzen.

... IHM LAGS AUF DER ZUNGE.

Einstein streckte einmal einem Journalisten die Zunge heraus. Dieses Bild wurde weit bekannter als seine Theorien:

Wer kennt Einsteins Formeln denn schon?
Nur Studium hat Einsicht als Lohn.
    Was alle noch schaffen,
    als Foto begaffen:
die Zungen-Dilatation.

*Teilchen mit Überlichtgeschwindigkeit wären in der
Speziellen Relativitätstheorie möglich, falls man ihnen
eine imaginäre Ruhemasse m_0 zuordnet. Solche
Tachyonen wurden bisher allerdings noch nicht entdeckt:*

Es sausen dahin die Tachyonen
viel schneller als Licht durch Äonen.
    Doch Telegraphie
    gibt's damit wohl nie;
so sollten sie lieber sich schonen.

Herrn Einstein Tachyonen beschummeln,
viel schneller als Licht sie sich tummeln.
    Wenn m null nicht wär
    rein imaginär,
dann würden sie manchmal auch bummeln.

Kosmologie

Kosmologische Aussagen lassen sich oft nur zweidimensional veranschaulichen:

Der Raum dehnt sich aus ganz geschwind.
Die Anschauung dafür ist blind.
    Ballone mit Flecken
    zum Aufblasen, Recken –
Ja, Zwei-D begreift jedes Kind!

Hawking leistete wichtige Beiträge zur Vereinigung von Quantentheorie und Allgemeiner Relativitätstheorie und zur Kosmologie. Seine erste Frau Jane erinnerte ihn manchmal daran, daß er nicht Gott sei:

Es findet das Hawking-Genie
'ne Quanten-Schwerkrafttheorie.
    Das mini black hole
    urknallt gar nicht faul.
„Doch Gott", sagt ihm Jane, „bist du nie!"

Der Kosmologe Hawking schlägt ein Weltmodell ohne zeitliche Anfangssingularität vor. Er meint, daß es dann für einen Schöpfer nichts mehr zu tun gäbe. Das hat bereits Augustinus weniger naiv gesehen: Die Schöpfung erfolgt mit der Zeit, nicht in der Zeit. Die Dauer der physikalischen Zeit ist dann unerheblich:

Ein All ohne Start - Hawkings Traum;
für Schöpfung bleibt scheinbar kein Raum.
    Was einst Augustin
    schon sonnenklar schien:
Ein Schöpfer ist i n der Zeit kaum!

DIE STRINGS WERDEN GESTIMMT

Die 3K-Hintergrundstrahlung ist eine Stütze des kosmologischen Standardmodells; das inflationäre Modell löst einige offene Fragen des Standardmodells:

Der Kosmos knallt ur ohne Ton,
er pandiert ex mit Inflation.
    Aus Strahlungsurgründen
      Drei Kelvin dies künden.
Was vorher war, wer weiß das schon?

Die Quantenmechanik und ihre Deutungen

Welle oder Teilchen?

*Der Welle-Teilchen-Dualismus bei Licht ist ein Beispiel für
Bohrs Komplementaritätsdenken:*

Bei Young ist 'ne Welle das Licht.
Bei Compton von Teilchen man spricht.
    Vereinbar ist's schwer -,
    nenn's „komplementär",
dann teilst du mit Bohr deine Sicht.

Max Planck führte die nach ihm benannte Naturkonstante ein und begründete die Quantentheorie:

Wer liebt nicht die zwei Mark mit Planck,
das Vaterland zeigt so den Dank.
    Der Mann auf dem Geldbild
    verändert das Weltbild;
h quer hat nun ewigen Rank.

De Broglie (sprich: De Broi) fand in seiner Dissertation die berühmte Beziehung $\vec{p} = \hbar \vec{k}$ für die Wellennatur der Materie aus der relativistischen Verallgemeinerung der Beziehung $E = \hbar \omega$:

Der Physiker Louis de Broglie
dem Einstein blieb relativ troglie;
    und schließlich stand da
    p gleich h quer k.
Für Teilchen war dies ziemlich noglie!

*Die „Kopenhagener Deutung" wurde zur Standard-
Interpretation der Quantenmechanik:*

Die Deutung der Quanten uns sagen
Physikpäpste von Kopenhagen.
    Es wurde zum Dogma,
    was damals en vogue war:
Nur das, was man mißt, darf man fragen.

Schrödingers Katze wurde zum Paradigma für Probleme des Meßprozesses (Wann kollabiert die Wellenfunktion?)

Wer kennt nicht Herrn Schrödingers Katze,
Probleme beim Meßprozeß hat se.
    Killt's Quant nun die Mieze?
    Ganz grimmig schon zieht se
halb tot halb lebendig 'ne Fratze.

Einstein erhielt für seine Lichtquantenhypothese den Nobelpreis. Der Quantentheorie und der Kopenhagener Deutung stand er aber zeitlebens skeptisch gegenüber:

Herr Einstein war fortschrittlich sehr,
gewann mit Photonen viel Ehr.
    Ging zögernd nur mit
    dem Quantenfortschritt;
da tat er sich doch eher schwer.

GEGEN UNSCHÄRFE KENNEN DIE PHYSIKER EIN BEWÄHRTES MITTEL

In einer berühmten Diskussion mit Bohr (1927) versuchte Einstein durch raffinierte Gedankenexperimente die Unschärferelation zu widerlegen. Das gelang ihm nicht, sondern festigte eher das Vertrauen in die neue Quantentheorie:

Viel Unschärfe predigte Bohr,
das kam auch dem Einstein zu Ohr.
    Durch scharfe Gedanken
    sollt' Unscharfes wanken.
Doch Bohr kam ihm immer zuvor!

Der Bohr und der Einstein, die beiden,
um Unschärfen tagelang streiten.
    Was Einstein ergötzt,
      hat Bohr schnell zerfetzt,
und Heisenberg kann das gut leiden.

Einstein hielt mit seinem Realitätsbegriff an der klassischen Lokalität fest:

Bei Einstein, Podolsky und Rosen,
da grübeln noch heute die Großen
    was Realität.
    Und schließlich dann geht
die Lokalität in die Hosen!

Das EPR-Paradoxon wurde inzwischen von Aspect und anderen experimentell verifiziert:

Bei Rosen, Podolsky und Einstein,
Physik muß da völlig lokal sein.
    Doch's Photon von Aspect
    das fliegt korrelliert weg;
und weltweit kann's nie mehr allein sein.

Die Nichtlokalität ist einer der merkwürdigsten Züge der Quantenmechanik:

Bei Einstein klingt's ganz paradox,
der Altmeister Bohr dann erwog's:
    Wie spürt's Quantenluder
      weit weg denn den Bruder?
Was nichtlokal, weiß halt kein Ochs.

*Ein einzelnes ungestörtes Photon am Doppelspalt
interferiert mit sich selber:*

Ein Photon am Doppelspa-spalt
ist einsam und fühlt sich ka-kalt.
    Es steckt tief im Psi
    die Schizophrenie;
überlagert sich selber ba-bald.

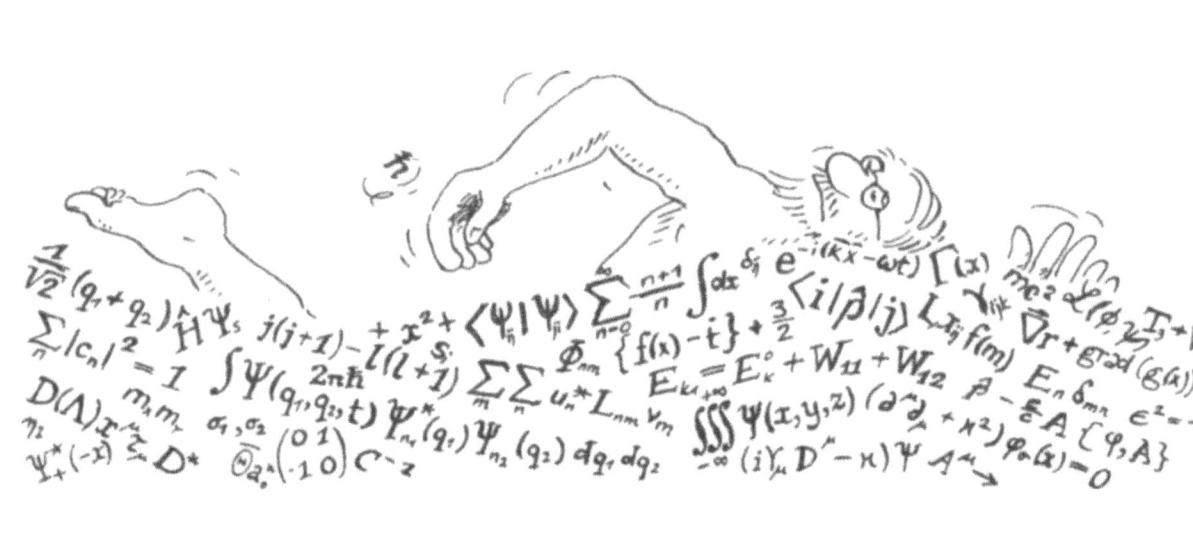

*Auch nach Feynman („Lectures on Physics") müssen wir uns mit
den Merkwürdigkeiten der Quantenmechanik abfinden:*

Der Feynman erklärt uns ganz schlau,
so sei halt der Quantenwelt Bau.
    Die Ratio murrt,
      es dünkt ihr absurd:
„Yes, that's the way electrons go!"

Feynman berichtet in seiner Autobiographie, wie er mit Witz und Psychologie zum Schrecken seiner Umwelt mehrfach Safes knackte und an geheime Dokumente gelangte:

Der Autor der „Lectures on Physics"
erzählt von sich selber viel Witzig's:
    Er schreckt Bürokraten
    durch Safe-Knack-Untaten.
Er kennt also nicht nur Physik-Tricks!

Psychokinetische Effekte sind umstritten. Ist aber nicht die Wellenfunktion ebenso geheimnisvoll?

Angeblich bog Gabeln der Geller,
und Samen, die keimten viel schneller.
    Man faselt von Psi
      und rätselt ums Wie.
Ist Schrödingers Psi denn reeller?

Elementarteilchen und Atome

Der Elementarteilchen-Zoo wird immer unübersichtlicher:

Schon Demokrit wußte es so:
Der Kosmos ist bloß Teilchen-Zoo.
    Doch die ...onen sich mehren
    wie Karnickel zu Heeren.
Theoretiker macht das nicht froh!

Nach heutigem Verständnis besteht Materie aus Quarks und Leptonen (leichten Teilchen):

Materieverständnis reicht weit -
was weiß man Verdauliches heut'?
    Den Magen zu schonen,
      nimm Quarks und Leptonen,
denn derzeit, da mag man es „light".

DER ERSTE TEILCHENBESCHLEUNIGER

Im Bohr-Sommerfeldschen Atommodell bewegen sich die Elektronen auf Ellipsen. Gemäß der klassischen Elektrodynamik sind diese Bahnen aber nicht stabil:

Ellipsen in Sommerfelds Welt
dreht's Elektron, wie's Bohr gefällt.
    Muß leider bremsstrahlen
    auf wilden Spiralen:
Die klassische Welt rasch zerfällt!

*Dirac erklärt das Auftreten von Antiteilchen mit seiner
Löcher-Theorie für Fermionen:*

Ein Teilchen energisch springt hoch,
im Dirac-See läßt es ein Loch.
    Als Anti vom Teilchen
      da schwimmt das ein Weilchen;
sie kriegen sich schließlich dann doch.

*In der Feynman-Stückelbergschen Interpretation sind
Antiteilchen Teilchen, die rückwärts in der Zeit laufen:*

Die Feynmanschen Graph-Diagramme
sind heute für Teilchen im Schwange.
    Und Anti- wir taufen,
        die zeitrückwärts laufen.
Wo war'n die bloß künftig so lange?

QUANTENMECHANISCHES SPIEGELKABINETT

Der „Sturz der Parität" schreckte die Physiker auf:

Zwei Forscher, Herr Yang und Herr Lee,
die stürzten 'ne Raumsymmetree.
    Daß Spiegeln verletze
    vertraute Gesetze -
Physik war das bisher noch nee.

PARITÄT GAB ES BEI DEN PHYSIKERN NOCH NIE.

Stimulierte Emission im Laser:

Es geh'n die Atome im Takt,
Im Laser ist Ordnung gefragt.
    Und der Lohn dieser Fron
    induziert Emission;
kaum eines Spontansprünge wagt.

Historische Bezeichnungen der Bahndrehimpulswerte der Elektronen in Atomen (Alkalibanden „sharp", „principal" und „diffuse") reizen zu politischen Überlegungen:

Bahndrehimpuls 0, 1 und 2
heißt S, P, D wie die Partei.
    Links-rechts dreht der Sinn,
    wie wär's, wenn der Spin
hieß C, D, U, halb, 1 und 2?

Festkörper

IM FESTKÖRPER VERBERGEN SICH
GANZ ÜBERRASCHENDE TEILCHEN

Phononen, die quantisierten Gitterwellen, sind Quasi-Teilchen, die nur im Kristallgitter existieren:

Phononen, die leben im Gitter -
mal Teilchen, mal Welle - als Zwitter.
    Ihr Puls ist nur quasi
      und deshalb ich sah sie
noch niemals in Freiheit - wie bitter.

Debye wurde vor allem durch seine Theorie der spezifischen Wärme (Schwingungsanteil) von Festkörpern bekannt. Das T^3-Gesetz bei sehr tiefen Temperaturen ist experimentell gut bestätigt. Der klassische Gleichverteilungssatz gilt nur bei hohen Temperaturen (Dulong-Petitsches Gesetz):

Im Festkörper ist nach Debye
$C v$ gar nicht klassisch, o wye!
    Die Hochtemp'ratur
    zeigt Dulong-Petit stur,
doch unten, da gilt T hoch drye.

Computer

*In den Wissenschaften neigt man dazu, Computer
vorschnell einzusetzen:*

Ein jeder hockt heut' vor'm Computer.
Viel Geist braucht's, bis endlich dann tut er.
    Statt Neues kreieren -
    Natur simulieren.
Zur Denkfaulheit treibst du, mein Guter!

Es gibt keine fehlerfreien Programme. Oft beendet man die Fehlersuche, wenn die Ergebnisse vernünftig erscheinen:

Der Test von Programmen ist übel,
viel Code wird zum Abfall im Kübel.
    Wer will schon verweilen
    an Schnittstellen-Zeilen?
Man endet, wenn's schließlich plausübel.

Moderne Textsysteme wie WORD oder T_EX (sprich: Tech) ermöglichen am PC - mit einigem Zeitaufwand - die perfekte Darstellung einer wissenschaftlichen Arbeit. Der Inhalt ist allerdings nicht immer kongenial.

Der Forscher schreibt WORD oder T_EX,
vollendet sein Opus ganz FR_EX.
    Zig-mal muß er drucken,
    Layout dann begucken.
Vergißt fast den Inhalt - welch' P_EX!

Chaos

In der Meteorologie spricht man vom Butterfly-Effekt, bei dem aus geringsten Ursachen in nicht-vorhersagbarer Weise sehr große Wirkungen entstehen können:

Heut' rechnen Computer das Wetter.
Wenn's nicht stimmt, dann nennt man den Retter:
    Ein Butterfly-Schlag
      bringt Chaos zutag.
Ist Zufall nicht manchmal viel netter?

Der Laplacesche Dämon als Inbegriff des deterministischen Weltbilds scheitert am Phänomen Chaos, da es keine beliebig genauen Anfangsbedingungen gibt:

Der Dämon vom alten Laplace
liebt deterministischen Fraß.
    Spuckt aus dann die Daten
    von künftigen Taten.
Doch Chaos erstickt dann das Aas.

Laborpraxis

ZU VORZEIGBAREN ERGEBNISSEN GEHÖRT IMMER AUCH DAS RICHTIGE PAPIER.

Manchmal liegt schon fest, was bei einer Messung im Labor herauskommen soll:

Beim Messen ging wieder was schief:
Der Chef durch's Labor grimmig lief.
    Für ihn steht es fest
    auch ganz ohne Test:
Ein Punkt liegt zu hoch (oder tief).

Im Anfängerpraktikum kurbelten einmal Praktikanten beim Versuch zum mechanischen Wäremeäquivalent (Pronyscher Zaum) zu viele Umdrehungen. Sie versuchten, das durch Rückwärtskurbeln wieder gutzumachen:

Der Pronysche Zaum ist patent,
er mißt das Wärm'äquvalent.
    Im Anfängerstil
    dreht einst wer zuviel -
und kurbelt dann rückwärts am End!

DER PRÜFLING

Die Einführung der SI-Maßeinheiten brachte eine nützliche Vereinheitlichung in der Physik. Viele Theoretiker halten allerdings noch gerne am cgs-System fest:

Die Uralt-Physik-Maßeinheiten
führ'n gern in Klausuren zu Pleiten.
    Wozu gibt's SI -
      doch läßt Theorie
sich oft noch von cgs leiten!

Erkenntnis durch Physik

*Physiker machen sich Modelle. Hoffentlich vertragen
sie sich auch mit den Daten:*

Zur Hand ist der Physiker schnelle,
entwirft sich gern neue Modelle.
    Wenn Daten dann passen,
     kann's Glück er kaum fassen:
Erkenntnis schöpft er aus der Quelle.

*Nach Hahns Entdeckung der Kernspaltung wurde
Oppenheimer der Vater der A-Bombe und Teller der
Vater der H-Bombe:*

Von Hahn, Oppenheimer bis Teller:
Was denkbar, wird wahr immer schneller.
    Ein Blitz der Gedanken
      bleibt nicht in den Schranken.
Und Bomben, die blitzen dann greller!

Die Physik beschreibt, wie unsere Natur funktioniert. Weltanschauliche Fragen läßt sie offen. Es ist gefährlich und irreführend, sie zu weltanschaulich-ideologischen Zwecken zu mißbrauchen (Deutsche Physik, Dialektischer Materialismus, Esoterik u.a.)

Physik führt nichts Böses im Schild,
von unsrer Natur ist sie Bild.
    Doch wem zur Erbauung
    sie wird Weltanschauung,
der hat mit dem Feuer gespielt.

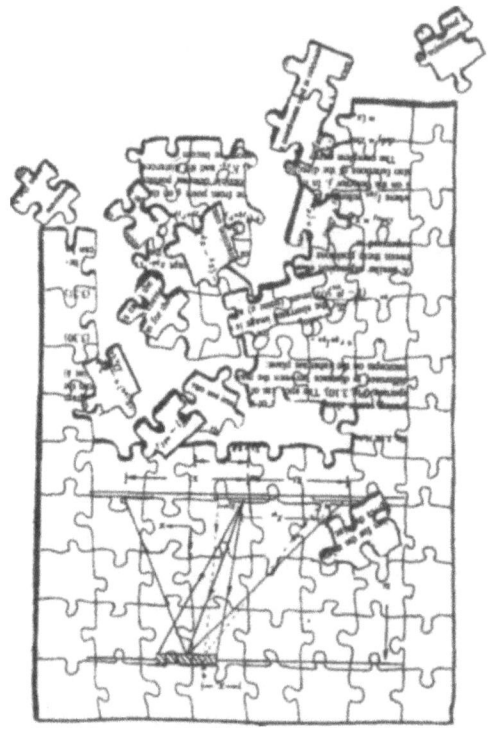

Die Hürden beim Publizieren:

Erst „work", dann rasch „finish" und „publish",
sagt Faraday uns ganz pragmatisch.
    So trägt man getrost
    sein Paper zur Post.
Liegt's bald schon beim Referee im Nachttisch?

Der Wissenschaftstheoretiker T. S. Kuhn unterscheidet revolutionäre Phasen der Wissenschaft mit Paradigmenwechseln und Phasen der normalen Wissenschaft, wo nur „Rätsel" gelöst werden:

Physik ist nach Thomas S. Kuhn
mal Aufbruch, mal eher ein Ruh'n.
    Die Physiker faktisch,
      die sehen's mehr praktisch:
Physik ist, was nachts auch sie tun.

MIX
Papier aus verantwortungsvollen Quellen
Paper from responsible sources
FSC® C105338

If you have any concerns about our products,
you can contact us on
ProductSafety@springernature.com

In case Publisher is established outside the EU,
the EU authorized representative is:
**Springer Nature Customer Service Center GmbH
Europaplatz 3, 69115 Heidelberg, Germany**

Printed by Libri Plureos GmbH
in Hamburg, Germany